LE BISSEGMENT

LE
BISSEGMENT

PRINCIPE NOUVEAU

DE

GÉOMÉTRIE CURVILIGNE

PAR

Louis-Pierre Matton

LYON

IMPRIMERIE AIMÉ VINGTRINIER

RUE DE LA BELLE-CORDIÈRE, 14

1875

INTRODUCTION

J'avais publié, en 1862, sous la forme d'une brochure autographiée, quelques propositions nouvelles de géométrie, mêlées de considérations plus ou moins justes sur le véritable rapport de la circonférence du cercle à son diamètre.

N'offrant, alors, sur ce point que des probabilités, je n'ai pas dû m'étonner de n'être pris au sérieux par personne (1).

J'apporte, aujourd'hui, des certitudes, c'est-à-dire, une démonstration géométrique, à laquelle on ne peut rien opposer.

J'espère donc, cette fois, obtenir quelque attention, d'autant mieux que je me déclare en mesure de prouver l'erreur du chiffre 3.14159..... et d'expliquer exactement la cause de cette erreur.

Ainsi, je dirai comment il se fait que le rapport analytique, adopté jusqu'à

---

(1) J'avais seulement trouvé, dans un journal de Paris, un article terminé par cette phrase :

Il n'y a plus qu'un ignorant ou un sot qui puisse chercher encore une solution géométrique depuis longtemps reconnue introuvable, ou du moins inutile.

Comme Dieu, justement, se plaît, quelquefois, à découvrir aux simples ce qu'il dérobe aux savants, je me suis contenté, alors, de trouver la sentence un peu... hasardée.

Maintenant, voici ma réponse : J'ose dire, à mon tour, que nul *géomètre*, après avoir lu mon travail, ne pourra contester, *sincèrement*, ni la *vérité* de ma découverte, ni son *utilité*.

ce jour, diffère du rapport géométrique de trois millimètres, en moins, sur la circonférence du cercle.

J'admets que cette différence puisse être négligée dans les opérations ordinaires; dans les travaux d'art, par exemple, dans lesquels on emploie, *sans difficulté, paraît-il*, et presque indifféremment, tantôt le chiffre 3.14, qui est, *dit-on*, suffisant, tantôt le chiffre 3.1462, qui s'obtient par un procédé graphique des plus simples.

Mais l'erreur de trois millièmes, qui pourrait être, alors, considérée comme insignifiante dans la mesure de tout ce qui est à la portée des sens de l'homme, devient immense dans les calculs qui ont pour objet la mesure des angles, des droites et des courbes dans l'immensité.

C'est donc surtout aux astronomes que j'adresse mon travail et, en particulier, aux calculateurs nombreux chargés, *depuis plusieurs mois déjà*, de formuler scientifiquement le résultat des observations recueillies, avec tant de soins, pendant le passage de Vénus sur le soleil (1).

---

(1) L'erreur du chiffre 3.14159..... ne serait-elle pas, aussi, une cause de tàtonnements dans les calculs si délicats et si compliqués de l'artillerie nouvelle ...... lorsqu'il s'agit, par exemple, d'obtenir, dans un nouveau canon, la justesse et la portée que l'on désire ?

N° 1.

Etant donné le triangle rectangle ABD, dont le côté moyen AB est le diamètre d'un cercle, le petit côté AD, la tangente du même cercle, et l'hypoténuse BD, la sécante (fig. 1, 2 et 3),

Le triangle mixtiligne ASB, formé de la courbe AS, de la corde BS, et du diamètre AB, est commun au triangle rectangle ABD et au demi-cercle ASB.

Il reste, en dehors du triangle rectangle, le segment BS, qui est le complément du demi-cercle, et, en dehors du demi-cercle, le triangle mixtiligne ASD, qui est le complément du triangle rectangle.

Donc, si les deux quantités, extérieures au triangle mixtiligne ASB, sont égales entre elles, c'est-à-dire, si le triangle mixtiligne ASD est l'équivalent du segment BS, l'aire du triangle rectangle ABD est égale à celle du demi-cercle ASB.

Or, si nous faisons varier la position du point S sur la courbe (B restant fixe), la sécante BD prendra diverses inclinaisons, soit à droite, soit à gauche, jusqu'à ce qu'elle rencontre un milieu géométrique, en dehors duquel elle ne pourra plus varier, ni d'un côté, sans que le segment BS devienne plus grand que le triangle mixtiligne ASD, ni de l'autre, sans que l'inverse arrive.

Sur ce point, donc, les deux quantités seront égales.

N° 2.

Il existe, précisément, pour le point S, une position géométrique, sur laquelle la tangente AD et la corde BS sont égales entre elles (fig. 2).

Cette position du point S ne peut varier, sans que BS grandisse lorsque AD diminue, et réciproquement.

Or, AD et BS sont les bases du triangle mixtiligne ASD et du segment BS, que nous avons à comparer entre eux, et les variations de ceux-ci sont réglées par les variations de celles-là.

Donc, le point d'égalité leur est commun (1).

Donc, lorsque la tangente AD et la corde BS sont égales entre elles, le triangle mixtiligne et le segment, appuyés sur elles, sont équivalents, et l'aire du triangle rectangle ABD est égale à celle du demi-cercle ASB.

C'est ce que je vais démontrer.

Je donnerai, ensuite, le procédé géométrique, suivi du calcul analytique, établissant la valeur de la tangente AD et, par déduction, la véritable valeur de π.

N° 3.

Sur la diagonale BD d'un rectangle quelconque ABFD (fig. 4, 5 et 6) menons de l'angle A la perpendiculaire AS, que nous prolongeons, ensuite, jusqu'à la rencontre du côté DF, sur le point N ;

Faisons, de plus, NC égale et parallèle à SB ; CR égale et parallèle à AN ; RG égale et parallèle à BD ; et, enfin, GD égale et parallèle à AS.

Nous avons, ainsi, trois rectangles égaux entre eux : ABFD = ARCN = GRBD.

En effet, menons la droite BN, diagonale du petit rectangle SBCN, et la droite EN, parallèle à BF,

Le triangle ABN est commun aux deux grands rectangles ABFD et ARCN.

De plus, il est égal à la moitié de chacun des trois grands rectangles ABFC, ARCN et GRBD, car nous avons :

1° Triangles rectangles ANE = AND; BNE = BNF; d'où : BNF + AND = ANE + BNE = ABN; et ABN + AND + BNF = ABFD.

---

(1) A moins qu'il existe, suivant les conséquences forcées du rapport 3.14159, une anomalie antigéométrique, absolument inexplicable dans la forme du cercle, laquelle est, cependant, la forme géométrique par excellence, la plus simple comme la plus parfaite, prêtant son rayon pour tracer les autres, partout où la règle est insuffisante, rebelle aux chiffres, *peut-être*, comme la diagonale du carré, mais la plus docile au compas.

Nous verrons, plus loin, que les infidélités du calcul, en altérant, dans la mesure du cercle, ses véritables proportions, nous avaient dérobé, jusqu'à présent, la richesse de ses propriétés géométriques.

2° BNS = BNC ; ABS = ABR ; d'où : BNC $+$ ABR = BNS $+$ ABS = ABN ; et ABN $+$ ABR $+$ BNC = ARCN = ABFD.

3° ASD = ADG ; ABS = ABR ; d'où : ADG $+$ ABR = ABD = BFD ; donc, GRBD = ARCN = ABFD.

Et, comme ARBS est commun entre GRBD et ARCN, il en résulte que : SBCN = ASDG (ce qu'il est essentiel de bien noter, parce que l'égalité constante de ces deux petits rectangles, quelles que soient les variations du point S, joue un rôle principal dans la démonstration).

Nous avons donc toujours :

$$BNS = BNC = ADG = ASD = \frac{ASDG}{2}$$

d'où BNS$+$ABS=ABR$+$ADG=ABN ;

$$\text{donc ABN} = \frac{GRBD}{2} = \frac{ARCN}{2} = \frac{ABFD}{2}$$

N° 4.

Premières conséquences géométriques de l'égalité de la corde BS et de la tangente AD.

Les triangles semblables (fig. 8) donnent les proportions suivantes :

$$BS = AD ; \text{ d'où :}$$

$$\frac{BS}{AD} = \frac{AS}{DN} = \frac{BO}{AS} ; \text{ et AS} = DN ; BO = AS = DN ;$$

donc : triangles rectangles ASB=ADN ; BOS=ASD ; SOA=SND ; d'où
$$SD = SO ; SN = OA ; AN = AB.$$

Et, puisque AN = AB, en même temps que BS = AD, les grands rectangles ABFD et ARCN sont, non-seulement égaux entre eux, mais semblables.

Enfin, triangles mixtilignes : BOS = ASD.

On peut voir, déjà, que les quantités immédiatement appréciables, dans la partie du rectangle ABFD qui entoure le demi-cercle ASB, sont égales aux quantités analogues contenues à l'intérieur du même demi-cercle (1), telles que : tr. mixt. BOS = ASD ; et tr. rect. SND = OAS.

Tandis que, si la tangente AD est plus petite que la corde BS, les mêmes quantités sont plus petites à l'extérieur du demi-cercle qu'à l'intérieur.

Ainsi (fig 7), AD < BS ; DN < AS ; AS < BO ; d'où : tr. mixt. ASD < BOS ; et tr. rect. SND < AOS.

L'inverse a lieu, évidemment, si AD est plus grand que BS ; et l'on a (fig. 9) AD > BS ; DN > AS ; AS > BO ; d'où : tr. mixt. ASD > BOS ; et tr. rect. SND > AOS.

N° 5.

§ 1er. — Le rectangle ARBS, inscrit au cercle, dont sa diagonale AB est le diamètre (fig. 10, 11 et 12), est égal à ce cercle, moins les quatre segments, qui ont, chacun, pour base un des quatre côtés du même rectangle. (Ceci est évident.)

Il s'agit donc de retrouver ces quatre segments dans chacun des petits rectangles complémentaires : SBCN = AOVD = ASDG.

1° Si BS = AD (fig. 11),

AN = AB (n° 4) ; d'où vient que (les côtés AN et RC du grand rectangle ARCN étant égaux au diamètre AB) les deux grands segments, laissés en dehors du rectangle inscrit ARBS, sont géométriquement tangents l'un à l'autre dans le petit rectangle complémentaire SBCN, y laissant place aux deux petits segments AS et BR, dans les deux triangles mixtilignes PSN et PBC, qui sont égaux entre eux comme les deux petits segments.

2° Si AD est plus petit que BS (fig. 10),

Les côtés AN et RC sont plus petits que le diamètre AB ; d'où vient que les deux

---

(1) De cette remarque essentielle m'est venue la première conviction de l'égalité du cercle et du rectangle, résultant de l'égalité de la corde BS et de la tangente AD.

grands segments se croisent dans le petit rectangle SBCN, n'y laissant qu'une place insuffisante aux deux petits segments.

3° Si AD est plus grand que BS (fig. 12),

Les côtés AN et RC sont plus grands que le diamètre AB, ce qui fait que les deux grands segments se trouvent séparés dans le petit rectangle SBCN, y laissant une place trop grande pour les deux petits segments;

4° Quelles que soient les variations du point S, et, par conséquent, que la tangente AD soit plus petite ou plus grande que la corde BS, ou qu'elle lui soit égale (fig. 10, 11 et 12), les deux petits segments sont toujours contenus géométriquement dans le petit rectangle complémentaire ASDG, laissant, dans l'intervalle qui les sépare, une place qui doit contenir exactement les deux grands segments, ou se trouver trop petite, ou se trouver trop grande, suivant les variations de la tangente AD.

§ 2. — Il reste donc à démontrer *(la tangente AD étant égale à la corde BS)* (fig. 11) :

1° Que les petits segments AS et BR sont égaux aux triangles mixtilignes PSN et PBC, contenus, en dehors des deux grands segments, dans le petit rectangle complémentaire SBCN;

2° Que la somme des deux grands segments est égale à l'espace contenu, entre les deux petits segments, dans le petit rectangle complémentaire ASDG; et, par suite, que le triangle mixtiligne ASD, qui est la moitié de cet espace, est égal au grand segment BS (n° 2, fig. 2).

Pour cette démonstration, je dois introduire un élément nouveau, qui sera, véritablement, la clef du problème, et le principe fécond d'une nouvelle géométrie curviligne.

N° 6.

Le Bissegment.

Pour abréger et simplifier, autant que possible, les termes et les détails de la démonstration, je donnerai le nom de *bissegment* à l'espace compris dans l'intersection de deux demi-cercles égaux, au milieu d'un rectangle dont les deux grands côtés sont les diamètres de ces deux demi-cercles. (Fig. 13 et 14.)

Et j'appellerai *base du bissegment* la droite qui le coupe, dans sa longueur, en deux segments égaux.

§ 1. — 1° Le plus grand bissegment se produit (fig. 13) lorsque les deux demi-cercles deviennent tangents aux deux grands côtés du rectangle, ce qui a lieu lorsque, par le rapprochement de ces côtés, la tangente AD, qui est un des petits côtés du rectangle, devient égale au rayon du même cercle.

2° Le plus petit bissegment s'évanouit (fig. 15) lorsque les deux demi-cercles deviennent tangents l'un à l'autre au milieu du rectangle, ce qui a lieu lorsque, par l'écartement des deux grands côtés, la tangente AD devient égale au diamètre.

3° Dans tous les cas d'intersection des deux demi-cercles au milieu du rectangle, le bissegment est égal à la somme des deux segments, laissés en dehors des deux grands côtés, par le cercle entier décrit du milieu du rectangle comme centre, et tangent à ses deux petits côtés (fig. 13 et 14).

§ 2. — Les intersections du cercle entier et des deux demi-cercles dans le rectangle donnent les proportions suivantes (fig. 14) :

1° Triangles mixtilignes : AMJ = ALJ ; d'où : ALJ + DKJ = AMJ + DMJ = AMD.

2° Triangles mixtilignes : AML = LJM ; d'où : AML + DMK = segment LJK. Et lorsque tangente AD = corde BS, l'on a : AML + DMK = segment BS.

3° La somme des quatre triangles mixtilignes : ALJ + DKJ + J'FH + J'BP, contenus dans les quatre angles du rectangle, en dehors de la partie du cercle qui lui est inscrite, est à la somme des deux segments LT et KH, laissés par le même cercle en dehors du rectangle, comme la somme des deux triangles mixtilignes AMD + BPF, contenus dans le rectangle en dehors de l'intersection des deux demi-cercles, est au bissegment PM.

Or, si la somme des quatre triangles mixtilignes ALJ + DKJ, etc. est égale à celle des deux segments LT + KH, l'aire du rectangle est égale à celle du cercle.

De même, si le bissegment PM est égal à la somme des triangles mixtilignes AMD + BPF, dont les sommets touchent ses deux extrémités, le rectangle est égal au cercle.

Si le bissegment est plus grand que la somme de ces deux triangles, le rectangle est plus petit que le cercle; et réciproquement (1).

---

(1) Comme je ne me propose pas, ici, de faire un traité de géométrie élémentaire, je pense que les propositions, dont l'évidence peut être facilement reconnue par quiconque possède un peu de géométrie, n'exigent pas que je les démontre en détail.

N° 7.

Notons encore quelques observations indispensables sur les conséquences géométriques de l'égalité entre la corde BS et la tangente AD (fig. 17).

1° Les triangles mixtilignes PSN et PBC, contenus dans le petit rectangle SBCN, en dehors des deux grands segments, sont égaux aux triangles mixtilignes AMD et BPF, contenus dans le grand rectangle ABFD, en dehors de l'intersection des deux demi-cercles,

$$\text{car : } AD = BF = BS = CN \text{ ; } SN = AO \text{ ; et } MJ = \frac{SN}{2}$$

2° Les triangles mixtilignes AML $+$ DMK $=$ segment BS (n° 6, § 2, 2°). De même : BPT $+$ FPH $=$ segment BS. Or, NF $=$ AO, puisque DN $=$ BO (n° 4). Donc FPH $+$ NPH $=$ FPH $+$ BPT $=$ segment BS.

Et comme triangle mixtiligne ASD $=$ BOS, et triangle rectiligne SND $=$ OAS, il en résulte que le quadrilatère mixtiligne : ASBFD, moins les triangles mixtilignes PSN et BPF, est égal au demi-cercle ASB, qu'il enveloppe, moins les petits segments : AS et BO.

Nous retrouvons donc ici, pour le rectangle ABFD, comme pour son équivalent ARCN, les mêmes petits segments opposés aux mêmes triangles mixtilignes.

3° Le triangle isocèle ABN est égal à la moitié de chacun des trois grands rectangles (n° 3), par conséquent égal au triangle rectangle ABD.

Il a, pour quantité commune avec le demi-cercle ASB, le triangle rectangle ABS et le grand segment BS, en dehors desquels nous retrouvons le petit segment AS, pour le demi-cercle ASB, et le petit triangle mixtiligne SPN, pour le triangle ABN (1).

Et, chose remarquable, entre les deux triangles ABD et ABN, équivalents, quoique dissemblables, le premier contient le petit segment AS, et oppose au grand segment BS

---

(1) Le petit segment PN, qui est de trop, d'une part, dans le triangle ABN, est compensé, de l'autre, par son équivalent BP, qui se trouve en dehors du même triangle ABN.

le grand triangle mixtiligne ASD, tandis que le second contient le grand segment BS, et oppose au petit segment AS le petit triangle mixtiligne PSN;

Et nous avons :
$$\frac{ASD}{BS} = \frac{PSN}{AS}$$

4° Enfin, le rectangle LTHK est égal et semblable au rectangle inscrit ARBS, puisqu'ils sont limités l'un et l'autre par les mêmes grands segments égaux entre eux :

LJK = TJ'H = BS = AR ; et que LK = AD = BS, et AN = AB.

Donc, la base du bissegment PM est égale à celle du petit segment AS ; d'où vient que nous avons : bissegment PM = petits segments AS + BR ;

De plus, la section IS de la sécante BD coupe en deux parties égales le bissegment PM (ce qui est évident), de sorte que : ISM = ISP = segment AS = BR. Or, SMD + ISM = grand segment BS ; donc, SMD + segment AS = grand segment BS.

Ce qui laisse, pour le grand rectangle GRBD, comme pour ses deux équivalents ARCN et ABFD, le seul petit segment AS opposé au seul petit triangle mixtiligne AMD ;

Ce qui met aussi d'accord le triangle rectangle ABD et son équivalent le triangle isocèle ABN, par cette proportion simplifiée :
$$\frac{AMD}{AS} = \frac{PSN}{AS}$$

N° 8.

Résumé et Conclusion.

Ainsi, le premier rectangle, construit sur le diamètre du cercle, engendre le second, qui lui est égal ; et le troisième, égal à chacun d'eux, procède géométriquement de l'un comme de l'autre, et concourt, dans les mêmes proportions, avec eux, à démontrer l'égalité de chacun des trois avec le cercle, dans les circonstances qui la déterminent.

Quelles que soient, d'ailleurs, les dimensions données au premier, les trois sont égaux entre eux, quoique dissemblables. Mais, lorsque la tangente AD est égale à la corde BS (fig. 17).

1° Le second rectangle est, en même temps, égal et semblable au premier.

2° Les deux grands segments, qui ont pour bases les deux grands côtés du rectangle inscrit ARBS, sont contenus, géométriquement, dans chacun des trois petits rectangles complémentaires égaux entre eux : AOVD $=$ SBCN $=$ ASDG ;

D'où vient que, pour les trois grands rectangles : ABFD $=$ ARCN $=$ GRBD, il ne reste à comparer que les deux petits segments égaux AS et BR, aux petits triangles mixtilignes AMD $=$ AM'D $=$ PSN $=$ PBC $=$ PBF, qui sont tous équivalents ; de sorte que la question se réduit à prouver l'égalité du petit segment AS et du petit triangle mixtiligne AMD.

3° La même question se pose, en même temps, pour le premier rectangle ABFD, entre le bissegment PM et la somme des deux petits triangles mixtilignes égaux AMD $=$ BPF (n° 6, § 2, 3°), et, par conséquent, entre la moitié ISM du bissegment PM, et le petit triangle mixtiligne AMD ; d'où :

$$\frac{AMD}{AS} = \frac{AMD}{ISM}$$

De sorte que : AS ne peut être égal à AMD, sans être, en même temps, égal à ISM ;

Et ISM ne peut être égal à AMD, sans l'être, en même temps, à AS.

Donc, l'égalité entre AS et ISM détermine toutes les autres ;

Et, pour que chacun des trois grands rectangles, ABFD, ARCN et GRBD, soit égal au cercle ARBS, il faut que le bissegment PM soit égal à la somme des deux petit segments AS $+$ BR, ce qui ne peut avoir lieu que lorsque la tangente AD est égale à la corde BS.

L'on a donc alors :

SMD $+$ ISM $=$ SMD $+$ AS $=$ SMD $+$ AMD $=$ triangle mixtiligne ASD $=$ segment BS.

Et le triangle rectangle ABD est égal au demi-cercle ASB (n°ˢ 1 et 2).

Ce qu'il fallait démontrer.

Si, malgré les démonstrations précédentes, l'on veut objecter encore que le petit segment AS pourrait être égal à la moitié du bissegment PM, sans être égal au triangle mixtiligne AMD, il ne reste plus qu'à fournir la preuve par l'absurde ; et je n'aurai garde d'y manquer, ne voulant pas laisser l'ombre d'un prétexte, non-seulement à la négation, mais à l'apparence même d'un doute.

Si donc, nous supposons le petit segment AS plus petit ou plus grand que le triangle mixtiligne AMD, quoique égal à la moitié du bissegment PM ; le rectangle entier GRBD, et chacun de ses équivalents, ARCN et ABFD, est plus grand ou plus petit que le cercle ARBS ; et, comme il existe, entre le cercle et ceux-ci, une quantité commune, qui est le diamètre AB, c'est donc alors la tangente AD, qui est plus grande ou plus petite que le quart de la circonférence du cercle ASB rectifiée.

Pour la diminuer ou l'augmenter géométriquement, suivant l'une ou l'autre des deux suppositions admises, figurons-nous le diamètre DF et la demi-circonférence DIF, comme un cadre mobile entre les parallèles AX et BY (fig. 21), et le point S, comme un anneau, qui lie à la courbe ASB les deux sécantes ASN et BSD, de telle sorte qu'au moindre mouvement du cadre DIF, soit vers le diamètre AB, soit à l'opposé, le point S monte ou descende sur la courbe ASB, et que les sécantes ASN et BSD glissent avec lui, sur cette courbe, sans cesser de faire l'angle ASB droit (le point A et le point B restant fixes).

Supposons alors que, par le mouvement du cadre DIF vers le diamètre AB, la tangente AD soit diminuée proportionnellement à la différence de trois millièmes, qui est celle du rapport 3,14159... au rapport 3,14460...

(La diminution ne serait-elle, d'ailleurs, que de la cent millième partie de cette différence, comme aussi serait-elle cent fois plus grande, le raisonnement serait toujours le même ; nous pouvons donc établir notre hypothèse sur la figure 21, où la différence est visible à l'œil nu.)

Supposons donc la tangente AD égale à celle qui résulte du rapport 3,14159... elle est alors diminuée, suivant ce rapport, dans la proportion voulue pour que l'égalité du cercle et du rectangle soit *aussi rapprochée que possible* ; nous pouvons même, sans inconvénient, la supposer parfaite, et dire :

Rectangles AB × AD = AN × BS = GR × AS = Cercle ARBS (3) ; car nous avons toujours, quelles que soient les variations de la tangente AD, ces trois rectangles égaux entre eux.

Mais qu'est-il arrivé par le mouvement du cadre DIF vers le diamètre AB ?

Le point S a glissé sur la courbe ABS, entraînant avec lui, dans la direction du point A, l'angle droit formé sur cette courbe par l'intersection des sécantes ASN et BSD ; il en résulte que :

1° Le point N, qui marque la rencontre de la sécante ASN et du diamètre DF, s'est élevé d'autant sur DF, et la droite AN, qui est le grand côté du rectangle ARCN, est devenue plus courte que le diamètre AB ;

2° Le bissegment PM s'est élargi et, en même temps, sa base est devenue plus grande que celle du petit segment AS, lequel est, par conséquent, plus petit que le triangle mixt. ISM, moitié du bissegment ;

3° La corde BS est devenue plus grande que la tangente AD, d'où vient que le triangle mixtiligne ASD est plus petit que BOS, et le triangle rectiligne SND plus petit que AOS.

Supposons néanmoins que, par la diminution de la tangente AD, le petit segment AS soit devenu égal au triangle mixt. AMD, et qu'ainsi le rectangle GRBD soit égal au cercle ARBS.

Mais le rectangle ABFD, qui est l'équivalent de GRBD, doit être, en même temps, égal au même cercle, ce qui ne peut avoir lieu sans que le triangle mixtiligne AMD soit égal à la moitié du bissegment PM. (n° 6.)

Or, ISM est devenu plus grand que le segment AS ; nous sommes donc obligés de dire, suivant l'hypothèse, que le triangle mixtiligne AMD est égal, en même temps, à chacune des deux quantités AS et ISM, qui sont inégales entre elles, ce qui est absurde.

Nous sommes aussi forcés de dire, suivant la même hypothèse, que les deux grands segments, qui se croisent dans le rectangle complémentaire SBCN, y laissent un espace suffisant pour contenir les deux petits segments AS et BR, ainsi que la portion d'eux-mêmes perdue dans leur intersection ; d'où il faut conclure que le rectangle ARCN est égal au cercle ARBS, et que son équivalent ABFD l'est aussi, quoique le triangle mixtiligne ASD soit plus petit que BOS, et le triangle rectiligne SND plus petit que AOS ; c'est-à-dire, quoique les quantités analogues soient plus petites en dehors du demi-cercle ASB qu'à l'intérieur, ce qui est encore absurde.

Donc, *la tangente AD, lorsqu'elle est égale à la corde BS, donne la mesure géométrique du quart de la circonférence rectifiée.*

Procédé.

La tangente AD étant égale à la corde BS (fig. 19), il en résulte que le triangle rectangle SOB = ASD, car :

$$OB = AS, \text{ comme } BS = AD.$$

De plus, les côtés homologues des triangles semblables nous donnent cette proportion :

$$\frac{AS}{AO} = \frac{AB}{AS}; \text{ donc } \frac{OB}{AO} = \frac{AB}{OB}$$

Et le diamètre AB est divisé en moyenne et extrême raison au point O.

Cette division étant opérée, suivant le procédé connu, il suffit de tracer, de A comme centre, et avec un rayon AO' = BO, l'arc de cercle O'S, qui marque en S, sur la circonférence ASB, le passage de l'hypoténuse BD.

Calcul

Etant donnés le cercle ASB (fig. 20), la tangente AD égale au côté du carré circonscrit, la corde BS, égale au côté du carré inscrit, et le diamètre AB = 20 ;

Supposons la tangente AD et la corde BS égales chacune au quart rectifié d'une circonférence de cercle (celle du cercle ASB enveloppée par l'une et enveloppant l'autre), nous avons donc :

$$AD = 20 ; \quad BS = 14.14213550... ;$$

Le rapport de la circonférence 4 AD au diamètre AB, $\pi AD = 4$; et celui de la circonférence 4 BS au même diamètre, $\pi BS = 2,8284271....$

De la moyenne de ces deux rapports, nous déduisons la seconde valeur de la tangente AD ; et, de celle-ci, celle de la corde BS :

Opérant sur ces deux nouvelles quantités comme sur les deux premières, nous continuons ainsi, par une suite d'opérations, à moyennes décroissantes pour l'une, et croissantes pour l'autre, jusqu'à ce que les deux quantités deviennent égales ; et les deux circonférences, modifiées progressivement avec elles, dans leurs marches contraires, se confondent alors en une seule, avec la circonférence donnée, dont le rapport à son diamètre, déterminé cette fois par un accord véritable entre la géométrie et le calcul, s'élève à 3,14460510..., comme on peut le voir par le tableau suivant :

AB=20	AD=20.	BS=14.14213550	πAD = 4.	πBS = 2.82842711 (fig.20.)
»	» 17.07106775	» 15.21207986	» 3.414213550	» 3.042445972
»	» 16.14157338	» 15.56349077	» 3.228314764	» 3.112698154
»	» 15.85253228	» 15.67359457	» 3.170506457	» 3.134718314
»	» 15.76306192	» 15.70773864	» 3.152612385	» 3.144547728
»	» 15.73540028	» 15.71830223	» 3.147080056	» 3.143660446
»	» 15.72685125	» 15.72156705	» 3.145370254	» 3.144313410
»	» 15.72420915	» 15.72257623	» 3.144818307	» 3.144515246
»	» 15.72339215	» 15.72289056	» 3.144678538	» 3.144578112
»	» 15.72314162	» 15.72298520	» 3.144628325	» 3.144597040
»	» 15.72306341	» 15.72304386	» 3.144612682	» 3.144602772
»	» 15.72303863	» 15.72302349	» 3.144607727	» 3.144604698
»	» 15.72303106	» 15.72302622	» 3.144606212	» 3.144605244
»	» 15.72302864	» 15.72302714	» 3.144605728	» 3.144605428
»	» 15.72302789	» 15.72302743	» 3.144605578	» 3.144605486
»	» 15.72302766	» 15.72302754	» 3.144605532	» 3.144605540
»	» 15.72302758	» 15.72302755	» 3.144605546	» 3.144605540
»	» 15.72302756	» 15.72302755	» 3.144605512	» 3.144605540
»	» 15.72302755	» 15.72302755	» 3.144605540	» 3.144605540 *(fig.19.)*

Erreur du chiffre 3.14159...

Pour expliquer l'erreur du chiffre 3,14159..., je dirai, premièrement, que dans les calculs dont ce chiffre est la dernière expression le polygone inscrit de 4 côtés, dès la première opération qui a doublé ses côtés, n'est déjà plus inscrit à la circonférence donnée ; c'est-à-dire que les huit côtés du nouveau polygone, considérés géométriquement, doivent toucher, par leurs angles, la circonférence du cercle, mais que, diminués par le calcul, ils ne la touchent plus. Ceci est incontestable ; seulement, il me semble qu'on n'y a pas songé.

Il est certain, en effet, que l'extraction de la racine carrée d'un nombre incommensurable laisse toujours après elle une perte. Petite ou grande, peu importe, c'est une perte ; c'est un vide ; c'est un espace entre le faux et le vrai.

Qu'on emploie, si l'on veut, comme le célèbre mathématicien Véga, cent quarante décimales pour obtenir, par exemple, la racine carrée de 2, le nombre obtenu, multiplié par lui-même, ne produira jamais 2 ; il donnera 1, suivi d'autant de 9 que l'on voudra ; mais, quelque petite que soit la perte, elle existe et suffit pour que le polygone, toujours concentrique et intérieur au cercle, n'en touche plus la circonférence ; et il n'est plus possible que son périmètre et cette circonférence coïncident jamais, lors même que les côtés du polygone pourraient être doublés à l'infini, sans éprouver aucune perte nouvelle. Celle-ci, d'ailleurs, s'ajoute à celle de l'opération suivante, et ces deux pertes combinées, désormais irréparables, viennent compliquer celle de la troisième opération, et, ainsi de suite, jusqu'à la dernière, dans laquelle toutes ces pertes réunies, infiniment petites, si l'on veut, finissent par former un total qui affecte plus sérieusement qu'on ne l'avait cru, les 32,768 côtés du dernier polygone.

Pour moi, ce qui m'étonne le plus, c'est qu'on ait pu arriver ainsi à ne s'éloigner que de trois millièmes de la solution géométrique, sans la connaître.

Mais, comment peut-il se faire, dira-t-on, que le calcul s'arrête précisément sur un chiffre erroné et que, arrivé là, on n'en puisse plus sortir ?

La raison de ceci me paraît fort simple :

En doublant, simultanément, les côtés des deux polygones semblables, dont l'un est inscrit et l'autre circonscrit au même cercle, on tend à les rapprocher, de plus en plus, l'un de l'autre, et, par conséquent, de la circonférence intermédiaire avec laquelle on prétend les amener à se confondre, *à peu près*, en un seul périmètre d'un nombre infini de côtés (1).

Là, précisément, se cachait l'erreur.

J'ai dit, en effet, que le polygone inscrit cessait de l'être, dès la première opération qui doublait ses côtés.

Dans la même opération, le polygone circonscrit cesse de l'être. Ses côtés, également diminués par le calcul, ne peuvent être égaux à ceux de l'octogone géométriquement circonscrit ; l'on peut toujours se les figurer tangents à une circonférence quelconque, puisqu'ils font partie, dans tous les cas, d'un polygone régulier ; mais ils ne sont plus tangents à la circonférence donnée, à laquelle était circonscrit le premier polygone de 4 côtés. Ils l'ont déjà pénétrée d'une certaine quantité, laquelle augmente à chaque opération qui les double.

Il arrive, enfin, que le périmètre tout entier a franchi *la circonférence immobile*, et s'en éloigne avec celui du polygone intérieur, liés qu'ils sont l'un à l'autre par le même calcul, dont ils partagent, proportionnellement entre eux, les pertes successives.

---

(1) Je me demande, aussi, ce que l'on peut bien appeler, en dehors de la circonférence du cercle, *un polygone d'un nombre infini de côtés*.

L'on s'est figuré, paraît-il, que cette définition pouvait s'appliquer à un polygone de 32,768 côtés, puisqu'on écrit et on enseigne qu'arrivé à ce nombre ou, du moins, au rapport correspondant à ce nombre, le périmètre polygonal et la circonférence du cercle, ayant même centre et même rayon, peuvent être considérés comme coïncidents. Sur le papier, je conçois qu'un périmètre régulier de 32,768 côtés ne diffère pas sensiblement d'une circonférence de cercle ; mais quand il s'agit, par exemple, de l'orbite de la terre autour du soleil, je m'imagine que les 32,768 côtés, inscrits à une circonférence d'environ 200 millions de lieues, doivent être bien loin de se confondre avec elle, et doivent sous-tendre, au contraire, des arcs, qui ne sont rien moins qu'infiniment petits, et qui mesurent des segments à flèches passablement longues.

Que serait-ce donc des orbites de Jupiter, de Saturne, etc. ?

Disons que le polygone d'un nombre infini de côtés ne peut être que le cercle lui-même, c'est-à-dire l'absence absolue de côtés sur la circonférence, *de l'infiniment petit à l'infiniment grand*, et, par conséquent, l'absence de tout nombre exprimant son égalité, même approchée, avec un périmètre polygonal quelconque.

Enfin, lorsqu'ils parviennent à s'unir, sous deux chiffres égaux, c'est-à-dire, sous un même chiffre, les opérations du calcul sont finies, et rien ne peut en modifier le résultat :

Les deux polygones coïncident; voilà tout.

Mais, dans cet embrassement définitif, leur périmètre commun se trouve détaché de la circonférence qui l'enveloppe, et reste incapable d'en donner la véritable mesure, surtout dans les calculs de l'astronomie.

Lorsque l'Académie des sciences crut devoir décréter qu'elle n'admettrait plus à la discussion, ni même à la lecture, aucun mémoire sur la question présente, et, lorsque les plus savants professeurs n'ont pas craint d'affirmer, dans leur enseignement, et de publier, dans leurs écrits, que la solution géométrique serait désormais *inutile,* évidemment ils avaient cette double conviction qu'elle serait introuvable et que, dans tous les cas, elle ne pourrait se rencontrer qu'entre les chiffres 3.14159... et 3.1416, ce dernier considéré comme limite extrême.

S'ils avaient soupçonné, un seul instant, qu'elle pût s'élever jusqu'à 3.14460, jamais ils n'auraient prononcé ce jugement arbitraire, jetant l'interdiction et, pour ainsi dire, l'anathème à toutes recherches nouvelles.

Voici, je crois, la morale de ce fait, laquelle a déjà eu tant d'autres applications depuis moins d'un siècle, telles que la vapeur, le chemin de fer, la locomotive, etc., telles, en dernier lieu, que les révélations de l'analyse spectrale, qui ont fait évanouir, comme un rêve, l'une des plus fameuses théories d'Arago :

Quels que soient les progrès et les conquêtes de la science humaine, l'infini reste ouvert à ses investigations, et il n'est donné à aucun homme d'y poser les limites du possible.

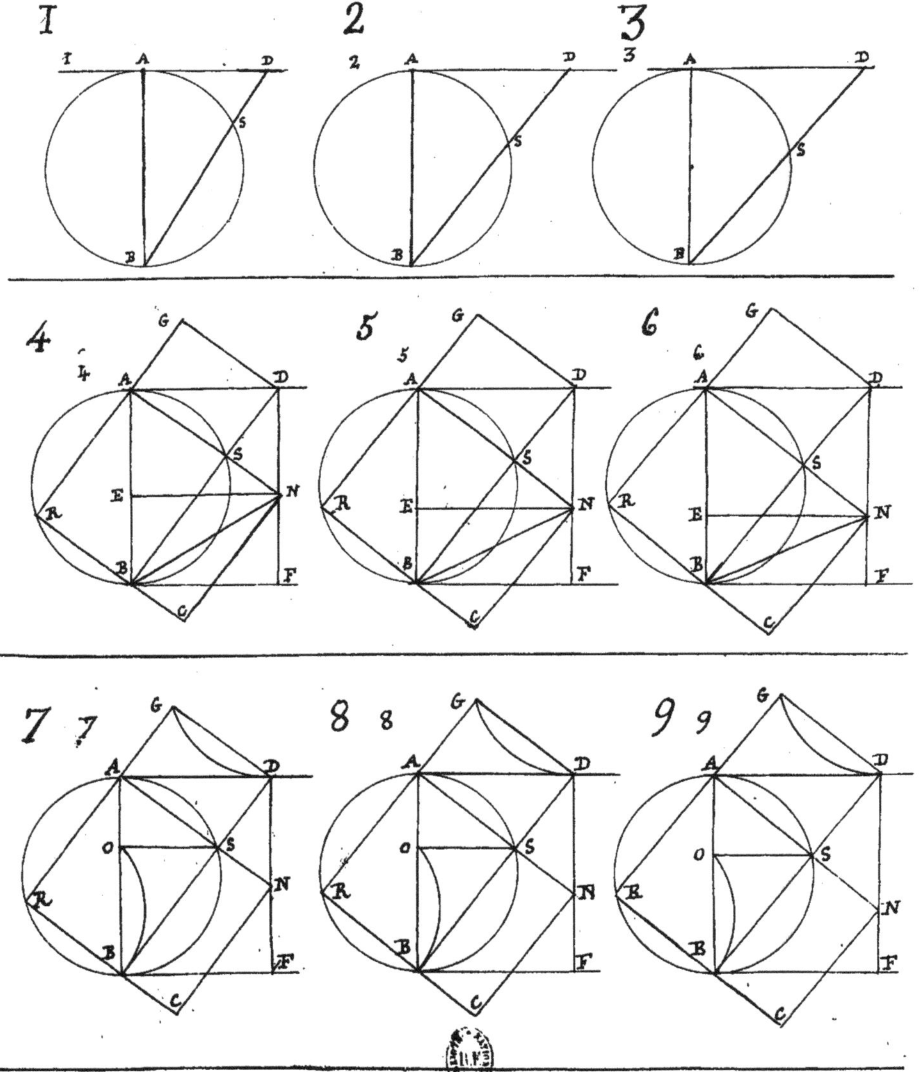

10 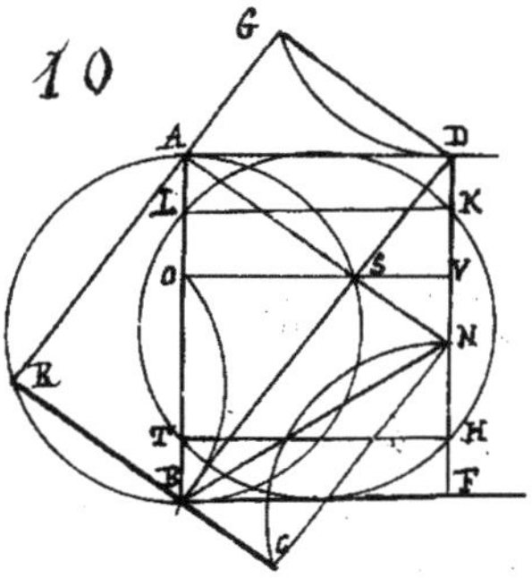
11 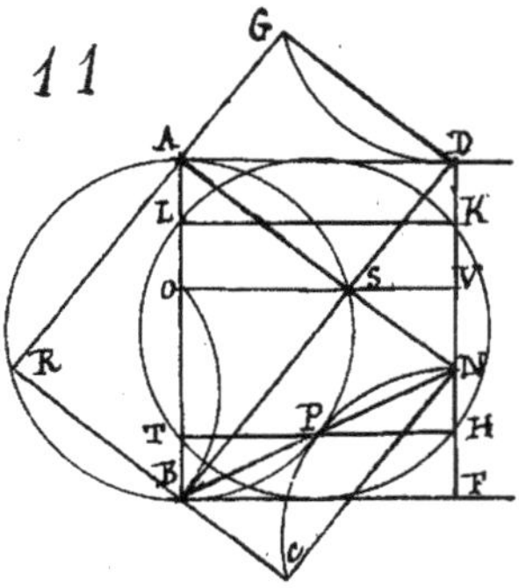
12 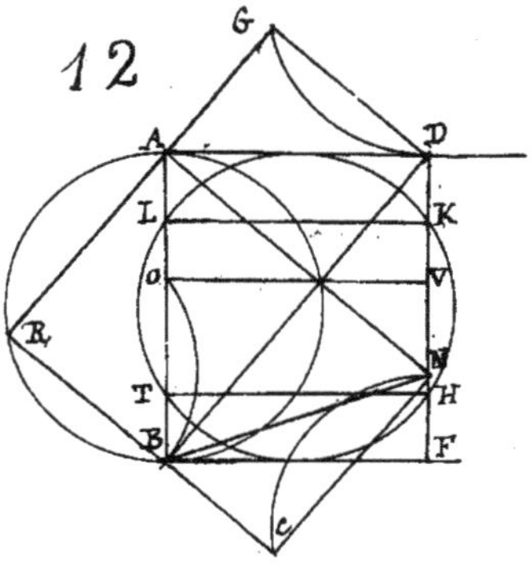
13 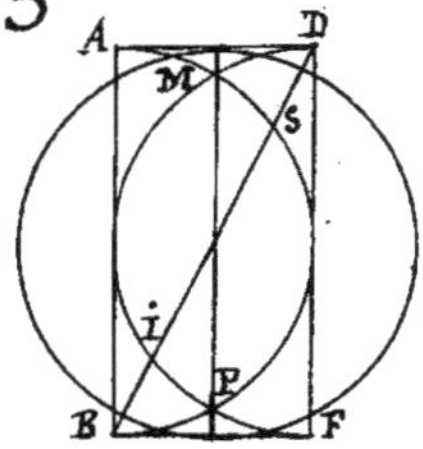
14 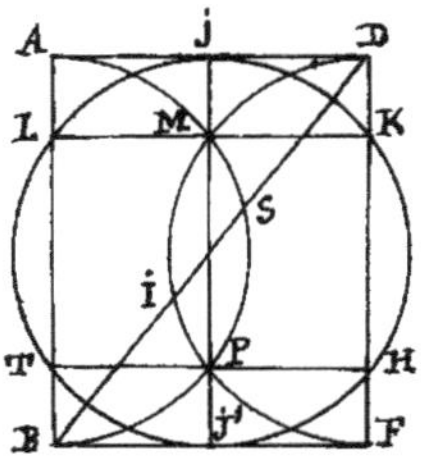
15 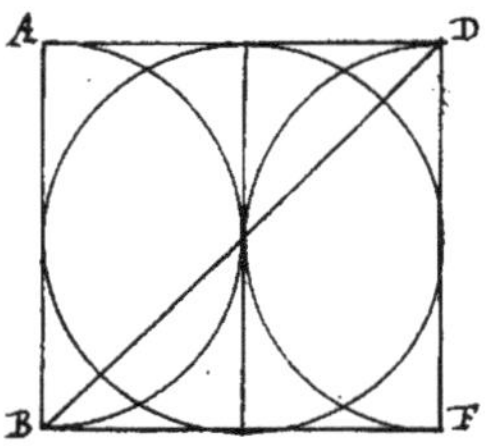
16 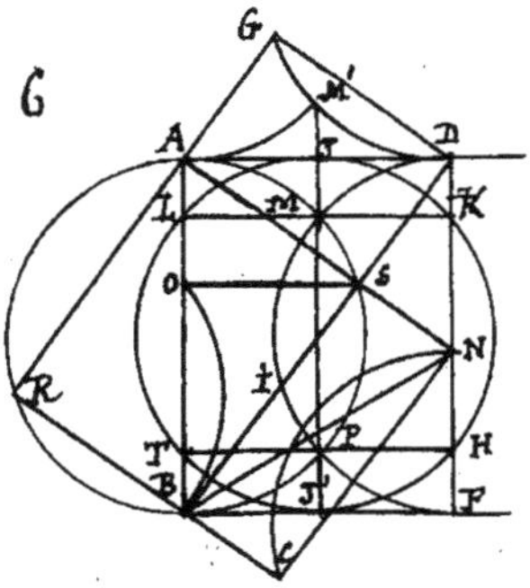
17 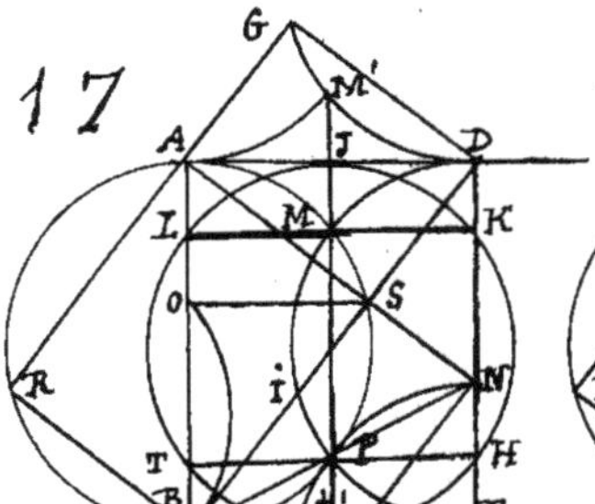
18

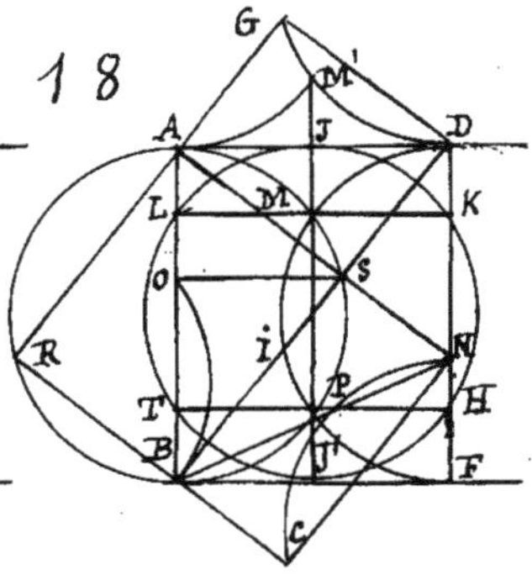

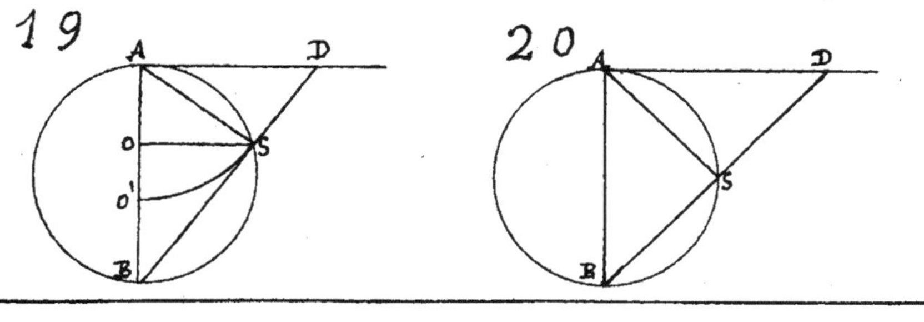

19
A
D
O
O'
S
B
20
A
D
S
B

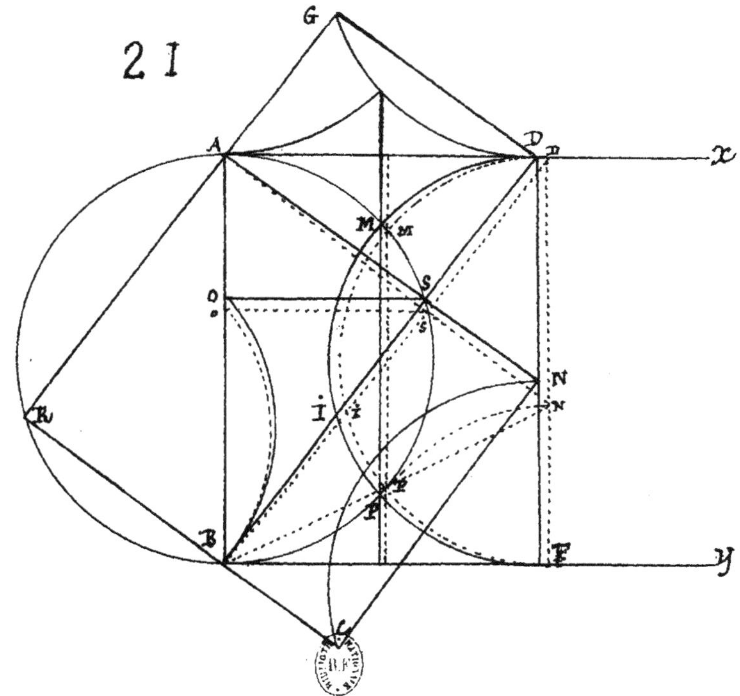

G
21
A
D
x
M
m
O
S
s
N
n
i
R
B
P
E
y

www.ingramcontent.com/pod-product-compliance
Ingram Content Group UK Ltd.
Pitfield, Milton Keynes, MK11 3LW, UK
UKHW021152140726
13695UKWH00005B/2092